第一章

After Effects 基础操作

After Effects JICHU CAOZUO

影视后期特效是伴随着影视行业的发展而逐步兴盛起来的一门技术。在人们对各类影视作品普遍有着更高画面质量要求、追求更加逼真视觉效果的前提下，影视后期特效制作应运而生。

从早期国外电影广告中的道具及模型场景制作来完成视频中的特效，到现在的利用计算机软件进行各类视频后期特效的制作加工，后期特效已经成为现在制作电影、广告等不可或缺的一个途径。它可以更方便、更直观地表达导演和创作者的意图与思路，将想法很直观地呈现给观众，并实现一些现实生活中难以实现或者根本不存在的虚拟画面，让观众大饱眼福，因而后期特效成为现在视频制作不可或缺的一种手段，并越来越受到重视。

第一节
后期特效软件介绍

1. After Effects

After Effects 是 Adobe 公司开发的一种视频剪辑及设计软件，用于高端视频特效系统的专业特效合成。它借鉴了许多优秀软件的成功之处，将视频特效合成上升到了新的高度，是目前国内进行后期制作时使用最为广泛的软件之一。

2. Combustion

Combustion 是一种三维视频特效软件，基于 PC 计算机或苹果计算机平台进行工作，是为视觉特效创建而设计的一整套"尖端工具"，其中包含了矢量绘画、粒子、视频效果处理、轨迹动画及 3D 效果合成等五大工具模块。该软件提供了大量强大且独特的工具，包括动态图片、三维合成、颜色矫正、图像稳定、矢量绘制和旋转文字特效、表现、Flash 输出等功能，具有运动图形和合成艺术的创建功能及交互性界面的改进功能，增强了其绘画工具与 3ds Max 软件的交互操作功能；可以通过 Cleaner 编码记录软件使其与 Flint、Flame、Inferno、Fire 和 Smoke 同时工作。

3. Shake

Shake 为影视编辑者提供了创建电视和电影等精美视觉效果所需的全部工具。Shake 软件是 Nothing Real 公司在 1997 年推出的产品，并于 2002 年被苹果公司收购。之后几年，苹果公司对 Shake 不断进行升级，而在 2006 年发布 Shake 4.1 后，苹果公司曾表示将不再对其进行升级。但到了 2008 年下半年，苹果公司再次升级推出了 4.1.1 版本，不过只是进行了些小的改善。

4. Nuke

Nuke 是由 The Foundry 公司研发的一种数码节点式合成软件，已经过 10 年的发展，曾获得学院奖（Academy Award）。Nuke 无须专门的硬件平台，但却能为使用者提供组合和操作扫描的照片、视频板及计算机生成的图像。在数码领域，Nuke 已被用于近百部影片和数以百计的商业电视和音乐电视的制作。Nuke 具有先进的、将最终视觉效果与影视的其余部分无缝结合的功能，不用考虑所需要的视觉效果是什么风格或有多复杂。

5. Digital Fusion

Digital Fusion 是非常好的视频合成软件，支持 After Effects 的 Plugin 和世界上著名的 5D 抠像 ULTIMATTE 插件。它是基于流程线和动画曲线的合成软件之一。它非常适合操作 Maya、Softimage、3D 软件的动画师使用。

它在电影、高清晰电视、广播电视制作中得到了广泛的应用。它是 PC 操作平台上第一种 64 位的合成软件，支持 64 位色彩深度的颜色校正，而且是目前 SGI 操作平台合成软件独有的技术。Digital Fusion 的网络渲染工具 Render Node 可以多线程、多任务、实时渲染。它支持 PC、SGI 等操作平台上的图像文件格式，支持 Z 通道 *.rla 图像格式文件，支持多处理器，是合成软件里速度最快、效率最高的软件之一。

后期制作的软件多种多样。接触其中一两种后便会发现，几乎所有软件的工作原理都很相似，不同的只是操作界面与制作形式。对影视后期特效制作来说，软件的使用是将画面优化处理的手段，对镜头的把握、影片风格的感觉更重要。好的后期特效需要制作者在思考这些问题的基础上，对画面进行适当的加工，而不是没有目的地、机械地复制操作。

第二节
视频相关知识点介绍

一、视频格式

视频格式是在软件中编辑视频素材必须了解的知识点。不同的视频格式不仅决定了所需加工的素材的清晰度，而且决定了该素材能否被特效软件识别，并导入其中进行加工。因此认识各种不同视频的格式非常重要。下面介绍一些常用的视频格式。

1. AVI 格式

AVI 是音频视频交错(audio video interleaved)的英文缩写。AVI 这个由微软公司开发的视频格式，在视频领域是最悠久的格式之一。AVI 格式调用方便，图像质量好，压缩标准可任意选择，是应用最广泛的格式之一。

2. MOV 格式

MOV 视频格式是 QuickTime 图像视频处理软件专用格式。QuickTime 原本是苹果公司用于 Mac 计算机上的一种图像视频处理软件。QuickTime 提供了两种标准图像和数字视频格式，可以支持静态的 PIC 和 JPG 图像格式，动态的基于 Indeo 压缩法的 MOV 格式和基于 MPEG 压缩法的 MPG 视频格式。在 After Effects 中如果要导入 MOV 格式的视频文件，必须安装 QuickTime 软件。

3. ASF 格式

ASF 格式（advanced streaming format 格式）是 Microsoft 为了和现在的 Realplayer 竞争而开发出来的一种可以直接在网上观看视频节目的文件压缩格式。ASF 使用了 MPEG4 的压缩算法，压缩率和图像的质量都很不错。因为 ASF 是以一个可以在网上即时观赏的视频"流"格式存在的，所以它的图像质量比 VCD 差一点，但比同是视频"流"格式的 RAM 格式要好。

4. WMV 格式

WMV 格式是一种独立于编码方式的、在 Internet 上实时传播多媒体的技术标准。微软公司希望用其取代 QuickTime 之类的技术标准及 WAV、AVI 之类的文件扩展名。WMV 的主要优点在于：可扩充的媒体类型、本地或网络回放、可伸缩的媒体类型、流的优先级化、多语言支持、扩展性等。

5. NAVI 格式

如果发现原来的播放软件突然打不开此类格式的 AVI 文件，那就要考虑是不是碰到了 NAVI。NAVI 是 new AVI 的缩写，是一个名为 Shadow Realm 的"地下组织"发展起来的一种新视频格式。它是由 Microsoft ASF 压缩算法的修改而来的（并不是想象中的 AVI），NAVI 改善了原始的 ASF 格式的一些不足，追求低压缩率和高图像质量，拥有更高的帧率。可以这样说，NAVI 是一种去掉视频流特性的改良型 ASF 格式。

6. 3GP 格式

3GP 格式是一种 3G 流媒体的视频编码格式，主要是为了配合 3G 网络的高传输速度而开发的，是目前手机中最为常见的一种视频格式。

简单地说，该格式是"第三代合作伙伴项目"(3GP)制定的一种多媒体标准，使用户能使用手机享受高质量的视频、音频等多媒体内容。其核心由高级音频编码 (AAC)、自适应多速率 (AMR) 和 MPEG-4 和 H.263 视频编码解码器等组成。目前大部分支持视频拍摄的手机都支持 3GP 格式的视频播放。

7. REAL VIDEO 格式

REAL VIDEO 格式一开始定位在视频流应用方面，也可以说是视频流技术的始创者。它可以在用 56K MODEM 拨号上网的条件下实现不间断的视频播放，当然，其图像质量和 MPEG2、DIVX 等相比会稍显逊色。

8. MKV 格式

MKV 格式是一种后缀为 MKV 的视频文件，常出现在网络上。它可在一个文件中集成多条不同类型的音轨和字幕轨，而且其视频编码的自由度也非常大，可以是常见的 DivX、XviD、3IVX，甚至可以是 RealVideo、QuickTime、WMV 这类流式视频。实际上，它是一种全称为 Matroska 的新型多媒体封装格式。这种先进的、开放的封装格式已经展示出非常好的应用前景。

9. FLV 格式

FLV 格式是 flash video 的简称。FLV 流媒体格式是一种新的视频格式。由于它形成的文件极小、加载速度极快，使得网络观看视频文件成为可能，它的出现有效地解决了视频文件导入 Flash 后，使导出的 SWF 文件体积庞大，不能在网络上很好地使用等问题。

二、视频分辨率

视频分辨率是各类显示器屏幕比例的常用设置，常见的屏幕比例其实只有三种，即 4：3、16：9 和 16：10，还有一个特殊的 5：4。

三、视频制式

各国采用的电视信号制式不同、录像画面的分辨率不同、录像记录压缩的算法不同等原因，使全球存在 NTSC 制式与 PAL 制式两种常见的制式。

（1）NTSC 制式。它是全球电视系统委员会制式标准，其帧频为每秒 29.97 帧（约为 30 帧），标准的数字化 NTSC 电视标准分辨率为 720 像素×480 像素，24 比特的色彩位深，画面的宽高比为 4：3。该电视标准用于美国、加拿大、日本等国家，以及中国香港和中国台湾等地区。

（2）PAL 制式。它是联邦德国 1962 年制定的彩色电视广播标准。德国、英国、中国（不含港、澳、台）、澳大利亚、新西兰、印度、巴基斯坦等国家采用 PAL 制式。PAL 制式每秒 25 帧，标准数字化 PAL 电视标准分辨率为 720 像素×576 像素，24 比特的色彩位深，画面的宽高比为 4：3。

（3）SECAM 制式。SECAM 制式又称塞康制，是一个首先用在法国模拟彩色电视系统、8MHz 宽的调制信号。1966 年由法国研制成功，属于同时顺序制。它有三种形式的 SECAM：SECAM(SECAM-L)，用在法国；

SECAM-B/G 用在中东地区；SECAM D/K 用在俄罗斯和西欧的一些国家。

四、使用 After Effects 进行多元素合成

技术要点：各种格式文件的叠加使用。

（一）实例概述

本例系统地介绍了 After Effects 常用的各种文件格式的导入方式，以及素材的管理和替换。本例将通过制作一个类似于小 MV 的视频短片来介绍 After Effects 的一些基础功能。

（二）制作步骤

1.文件的导入

【步骤 1】启动 After Effects 软件，选择菜单命令图像合成 / 新建合成组，新建一个合成，命名为"多元素合成"，在预置中将宽设置为 1280 像素，将高设置为 720 像素。像素纵横比为方形像素，帧速率为 25 帧 / 秒，持续时间设置为 3 秒。新建合成组"多元素合成"如图 1-1 所示。

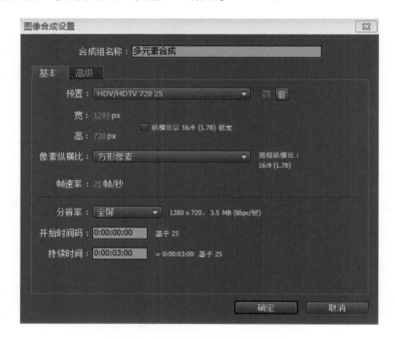

图 1-1　新建合成组"多元素合成"

【步骤 2】选择菜单命令文件 / 保存，保存项目文件，命名为"多元素合成"。

【步骤 3】选择菜单命令文件 / 导入 / 文件或直接在项目窗口的空白处双击，打开导入文件窗口，在查找范围窗口选择"太极"，选择序列文件首个文件"taiji.1200.tga"，勾选 tga 序列选项，系统将以序列文件方式导入素材。单击打开按钮导入这个 tga 序列。

【步骤 4】导入背景文件和音频文件，由于接下来导入的文件为"mov"格式的视频文件，所以要确保已经装入 QuickTime 软件。直接在项目窗口的空白处双击，打开导入文件窗口，在查找范围窗口选择"太极"文件夹打开，选择第一个文件"taiji.1200.tga"，然后勾选 Tag 序列选项，系统将以序列文件方式导入素材，这样全部文件就导入到项目窗口中了。

2. 制作视频

【步骤 1】制作视频，选择工具 ▣（选择并移动工具），将"taiji.tga"拖放到"多元素合成"时间线上，如图 1-2 所示。

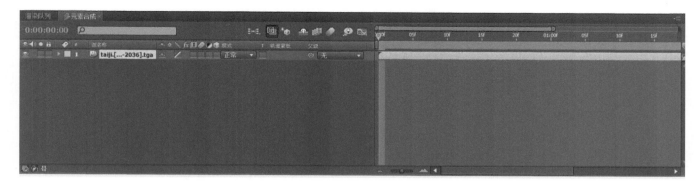

图 1-2　将"taiji.tga"拖放到"多元素合成"时间线上

【步骤 2】在时间线中，选中素材，并按组合键"Ctrl+D"两次，将素材在同一位置复制两次，如图 1-3 所示。

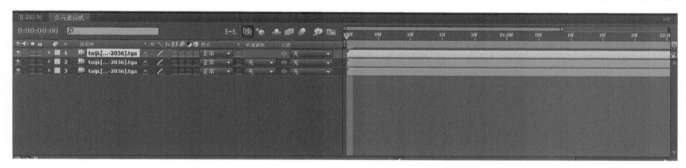

图 1-3　复制素材两次

【步骤 3】在时间线上，选择第 2 层的素材，单击前面的小箭头，展开"变换"选项，在位置属性修改其数值，使素材向左移动，如图 1-4 所示。

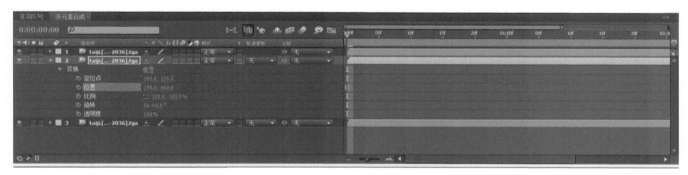

图 1-4　移动第 2 层素材

移动第 2 层素材的效果如图 1-5 所示。

图 1-5　移动第 2 层素材的效果

【步骤 4】同样的方法，选中时间线上第 3 层素材，单击前面的小箭头，展开"变换"选项，在位置属性，修改其数值，使素材向右移动。移动第 3 层素材效果如图 1-6 所示。

图 1-6　移动第 3 层素材效果图

【步骤 5】在项目窗口，将"光圈"拖入时间线最下面，并单击前面的小箭头，展开"变换"选项，修改其比例和透明度属性。

图 1-7 为修改"光圈"的比例和透明度。"光圈"的效果如图 1-8 所示。

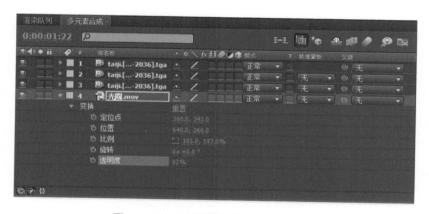

图 1-7　修改"光圈"的比例和透明度

图 1-8　"光圈"的效果

【步骤 6】在项目窗口，将"蓝光"拖入时间线最下面，并按组合键"Ctrl+D"两次，将素材在同位置复制两次。然后根据需要单击前面的小箭头，展开"变换"选项，修改各项数值，得到最终效果。"蓝光"效果如图 1-9 所示。

图 1-9 "蓝光"效果

【步骤 7】按键盘上的"0"键预览最终效果动画。

五、输出与渲染

在完成素材的编辑加工后，将做好的视频最终输出渲染出来，并存储为想要的视频格式。这是整个制作过程的最后一步。

【步骤 1】选择需要渲染输出的合成，选择菜单命令图像合成／制作影片，在弹出的渲染队列窗口中进行渲染和输出的设置。

【步骤 2】在渲染影片前，需要对其渲染和输出设置进行调节，以满足最终输出要求。After Effects 为影片的输出设置了一些模块供选择使用。单击渲染设置右边的最佳设置，会弹出一个渲染设置的窗口，可以根据需要对其中的属性进行相应的调整和修改。"渲染设置"窗口如图 1-10 所示。

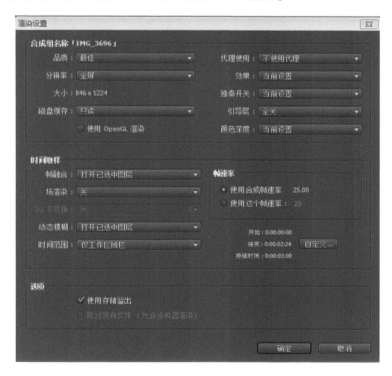

图 1-10 "渲染设置"窗口

【步骤3】单击输出组件，在弹出的窗口中，可以设置输出文件的压缩方式和文件的渲染尺寸等。

【步骤4】勾选音频输出选项，可以激活影片的音频，如图1-11所示。

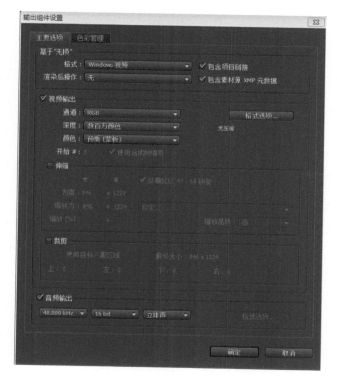

图 1-11　激活影片的音频

【步骤5】各项设置完成后，单击渲染按钮，进行最终的影片输出。

合成与特效制作基础

HECHENG YU TEXIAO ZHIZUO JICHU

第一节
关键帧训练

一、 实例概述

本实例介绍了 After Effects 软件中关键帧动画的创建方法。关键帧动画是通过时间线上两个关键点上不同的状态或参数值，由计算机采用特定的插值方法计算得到的动画。本节将通过一段动画合成，来练习如何创建关键帧动画，并通过曲线编辑器来控制动画中关键帧的属性。

二、制作步骤

【步骤 1】 按组合键 "Ctrl+N"，新建合成，命名为 "旋转的风扇"，参数设置如图 2-1 所示。

【步骤 2】 导入素材 "天花板.jpg" 和 "电风扇.psd"，将它们插到时间线上，把 "天花板.jpg" 置于底层，"电风扇.psd" 置于顶层，如图 2-2 所示。

图 2-1 新建合成 "旋转的风扇" 参数设置

图 2-2 导入素材 "天花板.jpg" 和 "电风扇.psd"

【步骤 3】 设置关键帧动画，选中图层 1 "电风扇.psd"，使用工具栏中的定位点工具将图层的定位点移动至电风扇的圆心处。打开其旋转属性，在时间线开始处添加第一个关键帧，设置参数为 0，然后在时间线 6 秒处添加第二个关键帧，设置参数为 "16x +0.0°"，单击内存预演按钮或按键盘上的 0 键，观察电风扇旋转的动画，如图 2-3 和图 2-4 所示。

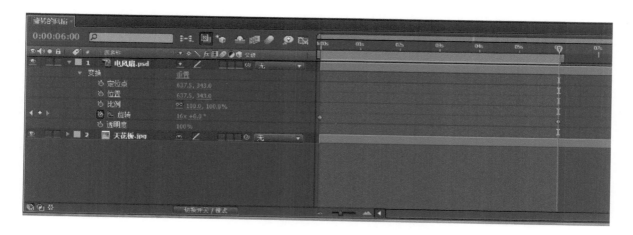

图2-3 添加第二个关键帧并设置参数

图2-4 电风扇旋转的动画（突然停下）

【步骤4】 通过观察发现，电风扇在6秒处会突然停下。下面通过关键帧的曲线编辑器，让电风扇缓缓地停下。选中图层1的旋转属性，打开曲线编辑器 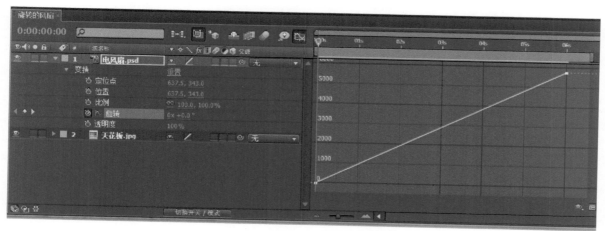，如图2-5所示，选中第二个关键帧，单击屏幕下方的"柔缓曲线入点"，让关键帧动画的直方图变成如图2-6所示的曲线形态。再次预览电风扇旋转动画。这一次电风扇会随曲线的变化，渐渐地停止转动，还可以转动图中的黄色杠杆，改变曲线的形态，使关键帧动画更加自然生动。

图2-5 打开曲线编辑器并选中第二个关键帧

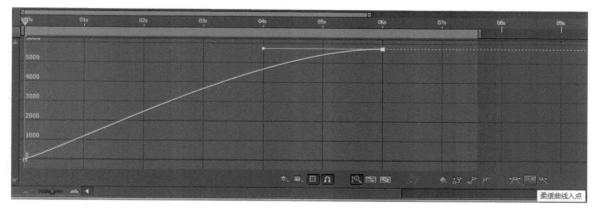

图 2-6　关键帧动画的直方图变成曲线形态

【步骤 5】下面完善一下画面效果。首先为电风扇制作阴影效果。选中图层 1，按组合键 "Ctrl+D" 创建副本，将图层 2 "电风扇.psd" 改名为 "风扇投影"，为其添加 "效果→生成→填充"，填充色为黑色。然后展开位移属性，稍作移动，同时调整其透明度为 40%，参数设置如图 2-7 所示。

图 2-7　完善画面效果的参数设置

【步骤 6】调整 "风扇投影" 层的位置，使其画面更加自然，如图 2-8 所示，最终渲染。

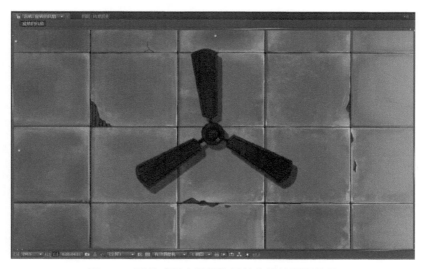

图 2-8　调整 "风扇投影" 层的位置的画面效果

三、 知识拓展

关键帧动画可以通过曲线编辑器来调整速率和动画的节奏，可以想象，类似小球自由弹跳、树叶随风飘落的动画等，都可以用同样的方法制作。现在制作一个小球，让它做自由落体运动并弹跳的动画，可设置位移关键帧曲线如图 2-9 所示。

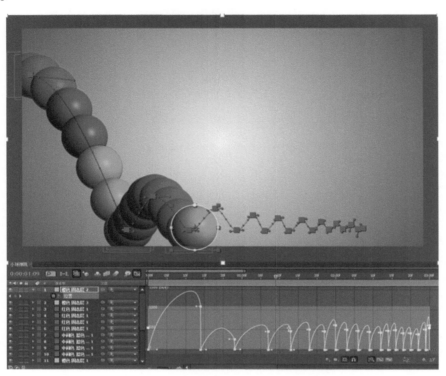

图 2-9　小球做自由落体运动并弹跳动画的位移关键帧曲线

第二节
文本动画

一、 实例概述

本节主要介绍 After Effects 软件自带文本动画的功能，以及参数的设置和调整方法。通过模拟影片标题文字的实例练习，掌握文本动画的基本使用方法。

二、 制作步骤

【步骤1】按组合键"Ctrl+N"新建合成组，并命名为"电影片头"，合成组参数设置如图 2-10 所示。

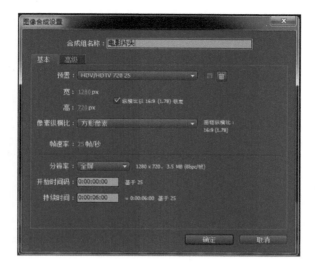

图 2-10　新建合成组"电影片头"

【步骤 2】导入素材"3D 光束.mov"和"破碎粒子.mov"，单击文本工具，在合成窗口中输入"寻找龙脉的奇幻之旅"，时间线上自动创建文本图层 1。展开图层 1 属性中的"文字属性→动画"，添加"缩放"属性，如图 2-11 所示。选择"动画 1→添加→特性→模糊"，同样的方法，再次选择"动画 1→添加→特性→透明度"，然后打开"动画 1→范围选择器 1"，如图 2-12 所示。

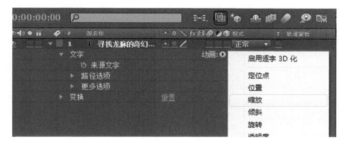

图 2-11　添加"缩放"属性

图 2-12　添加"模糊"属性并打开范围选择器

【步骤 3】在时间线 1 秒处设置关键帧，偏移参数为 -100%，将时间标尺移动至 2 秒 10 帧处，设置偏移属性关键帧参数为 100%，"高级→形状→下倾斜"，比例、透明度、模糊参数设置如图 2-13 所示。

图 2-13　比例、透明度、模糊参数设置

【步骤 4】新建黑色固态层，命名为"光晕"，置于最顶层。为其添加"效果→生成→镜头光晕"，选择镜头类型"105mm 聚焦"。在 15 帧处设置关键帧，参数设置如图 2-14 所示，1 秒 06 帧设置参数如图 2-15 所示，2 秒 09 帧设置参数如图 2-16 所示，图层混合模式设置为"添加"。

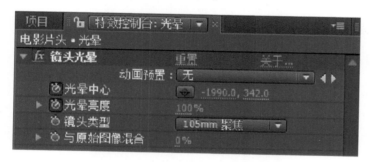

图 2-14　15 帧处关键帧的参数设置

图 2-15　1 秒 06 帧的设置参数

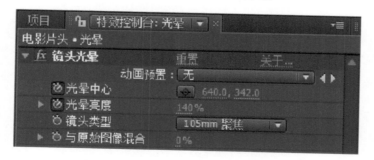

图 2-16　2 秒 09 帧的设置参数

【步骤 5】移动"破碎粒子"层在时间线上的位置，从 1 秒 05 帧处进入，如图 2-17 所示，为其添加"效果→模糊与锐化→CC 矢量模糊"，同时添加"效果→风格化→辉光"，参数设置如图 2-18 所示。

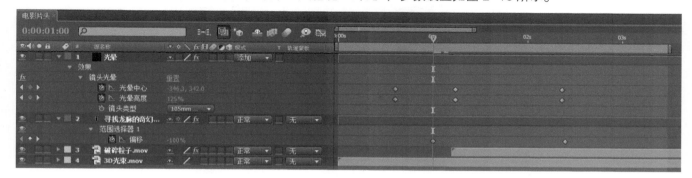

图 2-17　从 1 秒 05 帧处进入

图 2-18　CC 矢量模糊和辉光的参数设置

【步骤 6】为文字层添加"效果→生成→渐变"，添加"效果→透视→斜面 Alpha"，参数设置如图 2-19 所示，画面稍作调整，最终渲染效果如图 2-20 所示。

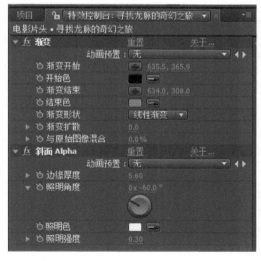

图 2-19　渐变和斜面 Alpha 的参数设置

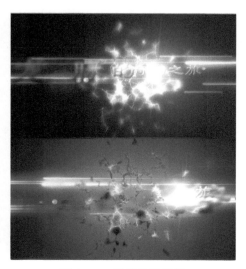

图 2-20　最终渲染效果

三、知识拓展

After Effects 内置的文本动画效果丰富，是制作特效文字、电影电视片头、特技包装等不可或缺的组成部分。可以发挥想象力把文字动画与动态素材相结合，创造出更丰富的视觉效果，如图 2-21 和图 2-22 所示。

图 2-21　文字动画与动态素材相结合的视觉效果（一）

图 2-22　文字动画与动态素材相结合的视觉效果（二）

文本动画范围选择器中的开始、结束控制的是文字动画的动态范围，偏移属性控制的是动画的过渡，高级属性中的参数也会影响文本动画的过渡效果。在学习的过程中要不断尝试使用不同的参数，感受它们所带来的变化。After Effects 内置了一部分文本动画的预置文件，选择"菜单→动画→浏览预置"，可以使用 Adobe 预置动画方案，如图 2-23 所示。如果计算机上安装了 Adobe bridge 软件，还可以预览预置动画效果，选中合适效果双击鼠标左键即可为文本图层添加预置文本动画方案，如图 2-24 所示。

图 2-23　浏览预置动画方案

图 2-24　为文本图层添加预置文本动画方案

第三节
遮罩与蒙版

一、实例概述

本节介绍 After Effects 中的遮罩与蒙版功能。在 After Effects 中无论是闭合的 Mask 图形，还是非闭合的 Mask 路径，都统称为遮罩(Mask)。蒙版(Matte)功能分 Alpha 蒙版与亮度蒙版两种形式。这是大多数合成与特效制作过程中使用频率较高的两项功能，下面将通过实例来学习完成一个具有科技感的实例。

二、制作步骤

【步骤 1】按组合键"Ctrl+N"新建合成组，取名为"虚幻的影像"，参数设置如图 2-25 所示。

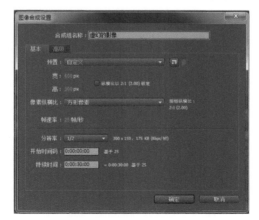

图 2-25　新建合成组"虚幻的影像"并设置参数

【步骤 2】新建 600 像素×300 像素的固态层，取名为"蓝屏"，参数设置如图 2-26 所示。

图 2-26　新建固态层"蓝屏"并设置参数

【步骤 3】双击工具栏中的圆角矩形工具（见图 2-27），为"蓝屏"添加"遮罩 1"，如图 2-28 所示。

图 2-27　圆角矩形工具

图 2-28　为"蓝屏"添加"遮罩 1"

【步骤 4】展开图层 1 蓝屏的遮罩属性，单击遮罩 1，按组合键 "Ctrl+D" 创建副本，得到遮罩 2。将遮罩 2 的叠加属性改为"减"，并设置遮罩 2 的羽化值为 200，遮罩扩展值为 -30，如图 2-29 所示。单击合成监视窗口中的透明栅格开关，得到效果如图 2-30 所示。

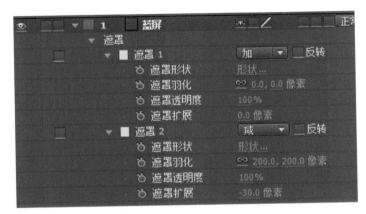

图 2-29　新建遮罩 2 并设置参数

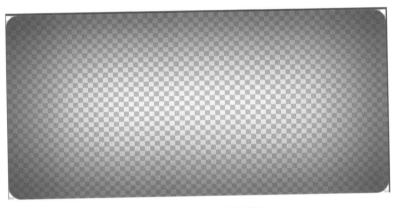

图 2-30　透明栅格的效果

【步骤 5】按组合键 "Ctrl+N" 新建合成组，取名为 "触摸屏幕"，合成大小为 1280 像素×720 像素，持续时间为 7 秒，如图 2-31 所示。

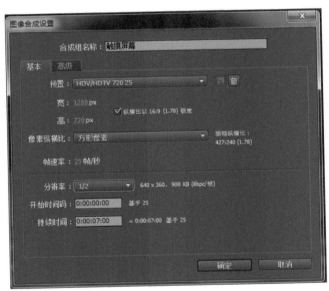

图 2-31　新建合成组 "触摸屏幕" 并设置参数

【步骤 6】将合成 "虚幻的影像" 嵌套导入到合成 "触摸屏幕" 的时间线中，同时导入素材 "background.mov"，置于时间线底层，调整位置属性，如图 2-32 所示。设置 "虚幻的影像" 图层混合模式为 "屏幕"，效果如图 2-33 所示。

图 2-32　导入素材"background.mov"并调整

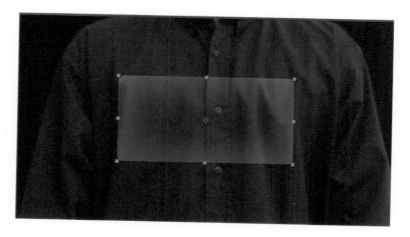

图 2-33　设置"虚幻的影像"图层混合模式为"屏幕"的效果

【步骤 7】"虚幻的影像"透明度设置为 50%，然后将时间拖至 2 秒处，设置比例的关键帧动画，取消"锁定比例"，时间和参数如下。

2 秒 00 帧——0，0

2 秒 12 帧——90，90

3 秒 12 帧——90，90

3 秒 17 帧——164，90

4 秒 00 帧——164，90

4 秒 04 帧——191，120

4 秒 06 帧——191，88

4 秒 11 帧——191，46

4 秒 15 帧——191，155

6 秒 10 帧——191，155

6 秒 12 帧——191，182

6 秒 17 帧——125，0

选中所有关键帧，单击"菜单→动画→关键帧辅助→柔缓曲线"（或选中所有关键帧按 F9 键），如图 2-34 所示。

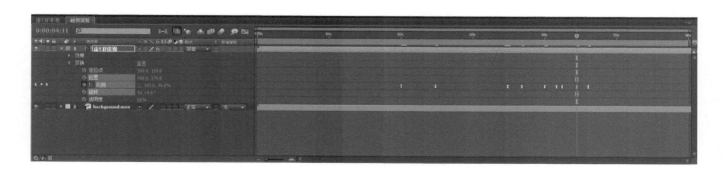

图 2-34　柔缓曲线

【步骤 8】为"虚幻的影像"添加"效果→风格化→辉光",参数设置如图 2-35 所示。

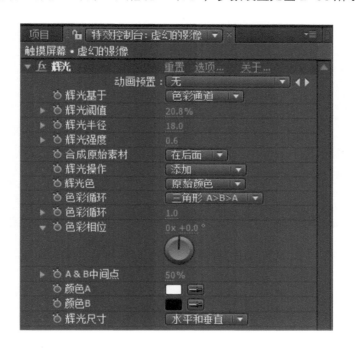

图 2-35　辉光的参数设置

【步骤 9】导入素材"flare.mov",拖入时间线并置于第一层,设置图层混合模式为"屏幕",调整比例为 150 和 100。按组合键"Ctrl+D"为其创建副本,分别命名为"左侧光"和"右侧光",调整时间刻度,让两个图层从 3 秒 09 帧进入,如图 2-36 所示。

图 2-36　创建"左侧光"和"右侧光"

【步骤 10】选中"左侧光"和"右侧光"两个图层,按 P 键打开位置属性,设置关键帧,如图 2-37 所示。

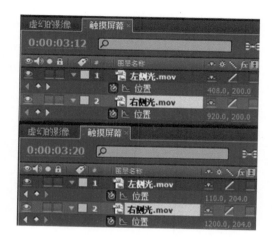

图 2-37　设置关键帧

【步骤 11】导入素材"3D 光束"，将其置于合成组倒数第二层，单击"虚幻的影像"，按组合键"Ctrl+D"创建副本，重命名为"屏幕蒙版"，放置于"3D 光束"层之上，为"3D 光束"添加轨道蒙版→Alpha 轨道蒙版"屏幕蒙版"，如图 2-38 所示。

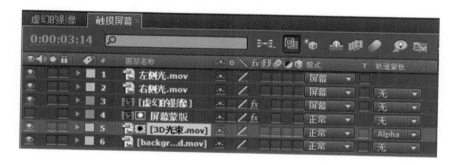

图 2-38　为"3D 光束"添加轨道蒙版→Alpha 轨道蒙版"屏幕蒙版"

【步骤 12】导入图片"flare_001.png"，插入到时间线并置于最顶层，调整比例为 200%，调整位置属性 x=620，y=235，图层混合模式为"典型颜色减淡"。使用钢笔工具，在合成监视窗口中画出遮罩（注意闭合路径），效果如图 2-39 所示。

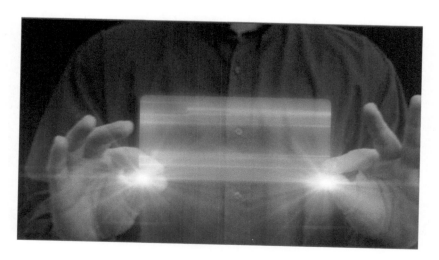

图 2-39　画出遮罩的效果

【步骤 13】设置遮罩 1 的羽化值为 70 像素，在 6 秒 09 帧为"遮罩扩展"属性添加关键帧，参数为 –20 像素。将时间移动到 6 秒 11 帧，设置"遮罩扩展"属性为 130 像素，6 秒 14 帧为 –20 像素，遮罩的关键帧动画完成。

【步骤 14】单击图层"flare_001"，按组合键"Ctrl+D"创建副本，并且旋转 90°，调整其位置属性为 x=620，y=310，效果如图 2-40 所示。

图 2-40　创建"flare_001"副本并调整

【步骤 15】使用文本工具创建文本图层，输入内容"After Effects"，利用钢笔工具或图形工具为其创建遮罩，图层混合模式为"柔光"，位置属性设置为 x=606，y=295。文本图层遮罩羽化值为 45 像素，设置"遮罩扩展"属性关键帧动画如下。

3 秒 12 帧—— –30 像素

3 秒 21 帧—— 305 像素

6 秒 09 帧—— 305 像素

6 秒 13 帧—— –40 像素

【步骤 16】调整画面各图层位置，使其合成衔接自然，最终渲染效果如图 2-41 所示。

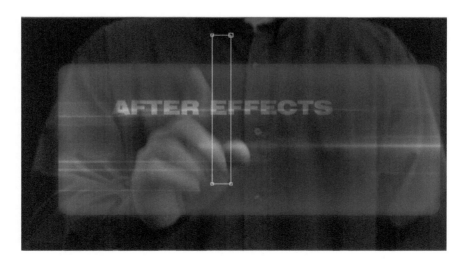

图 2-41　最终渲染效果

三、知识拓展

可以利用遮罩的特性，配合钢笔工具和图形工具得到各种形状的素材，也可以利用遮罩进行抠像和裁剪、拼合图层。比如，在很多画面中看到的"自己和自己"同时出现在画面中进行互动的场面，就可以通过遮罩完成，如图 2-42 所示。

图 2-42　"自己和自己"进行互动的场面

蒙版功能也可以用来添加图层纹理，比如文字的纹理。可以让文字图层作为蒙版，纹理层可以随意更换，制作不同质感的文字，如图 2-43 和图 2-44 所示。

图 2-43　利用蒙版功能添加图层纹理（一）

图 2-44　利用蒙版功能添加图层纹理（二）

第四节
控制层与调节层

一、实例概述

本节介绍 After Effects 中控制层与调节层的功能。控制层表现的是图层父级与子级之间的控制与被控制的关系，一个父级图层可以控制多个子级图层，而父级图层仍然可以有更高一层的父级控制层。除了图层本身可以做父级控制层之外，After Effects 中保留了一个可以创建的空白对象（Null object）作为控制层使用（以下简称"控制层"）。

调节层同空白对象有相似之处，那就是一般情况下都是不可见的，其主要作用是为调节层以下的图层附加与调节层上相同的特效。当然，它也有特殊的用途，会在具体实例中予以讲解。

本节将通过简单的实例来学习控制层与调节层在通常情况下的使用方法。

二、制作步骤

【步骤 1】按组合键 "Ctrl+N"新建合成组，取名为"产品展示"，持续时间为 7 秒，参数设置如图 2-45 所示。

【步骤 2】使用文本工具创建文图层，输入"SONY/3D"，居中排列，字体大小为 145 像素，颜色为红色，添加文本动画预置"逐字直接入"。

【步骤 3】按组合键 "Ctrl+D"为图层"SONY/3D"创建副本，将下层图层重命名为"红色倒影"，展开图层比例参数，取消"锁定比例"，修改参数为 100，–100％，如图 2-46 所示。同时，新建一个白色固态层，取名为"背景"，置于最底层。

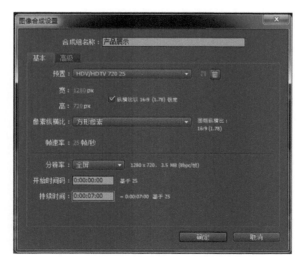

图 2-45 新建合成组"产品展示"并设置参数

图 2-46　创建"红色倒影"并设置参数

【步骤 4】按组合键"Ctrl+D"为图层"SONY/3D"再次创建副本，重命名为"黑色字"，使用文本工具修改文本内容为"colorful in your life"，字体大小为 40 像素，颜色为黑色，在文字属性窗口中打开"粗体"和"全部大写"按钮，如图 2-47 所示。

【步骤 5】为"黑色字"图层创建副本，重命名为"黑色倒影"，展开图层比例参数，取消"锁定比例"，修改参数为 100，-100%。调整位置属性，将"黑色字"置于红色字左上方，"黑色倒影"置于"红色倒影"左下方，效果如图 2-48 所示。

图 2-47　创建"黑色字"并进行设置

图 2-48　创建"黑色倒影"并进行设置的效果

【步骤6】 在菜单栏中单击"文件→新建→控制层"（空白对象 Null object），将除"背景"图层以外的其他图层的父级指定为"控制层"，调整图层顺序，如图 2-49 所示。

图 2-49 指定控制层并调整图层顺序

【步骤7】 设置控制层位移属性关键帧动画，0 秒处设置为 x=1000，y=500，3 秒 13 帧时设置关键帧属性为 x=880，y=500，7 秒处设置关键帧属性为 x=830，y=500。

【步骤8】 设置控制层比例属性关键帧动画，0 秒处设置关键帧属性为 100%，7 秒处设置关键帧属性为 110%。

【步骤9】 在菜单栏中单击"文件→新建→调节层"，将调节层置于"黑色字"和"红色倒影"两个图层之间，为调节层添加属性将会影响它下面的所有图层。为调节层添加"效果→模糊与锐化→高斯模糊"，模糊量为 12，效果如图 2-50 所示。

图 2-50 高斯模糊的效果

【步骤10】 单击"红色倒影"层，添加"效果→过渡→线性擦除"，设置完成过渡值为 25%，擦除角度为 0°，羽化值为 80，特效面板属性如图 2-51 所示。

图 2-51 特效面板属性

【步骤 11】导入素材"动态线条.mov",插入合成组中,设置其位置属性为 x=640,y=280,比例为 67%,图层混合模式为"变暗";将"黑色倒影"层的透明度修改为 18%,如图 2-52 所示。

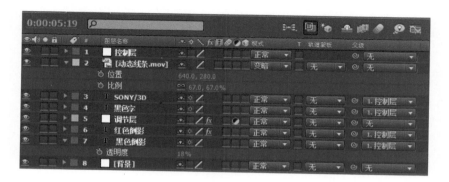

图 2-52　导入素材"动态线条.mov"并设置参数,修改"黑色倒影"层的透明度

【步骤 12】为"动态线条"层创建副本,置于调节层以下,修改位置属性 x=640,y=730,比例属性 67,-35%,透明度 20%,效果如图 2-53 所示。

图 2-53　为"动态线条"层创建副本并设置参数后的效果

三、知识拓展

通过以上实例,能够基本上掌握控制层和调节层的一般使用方法。例如用遮罩(Mask)来绘制电视机,添加光效及其他效果,如图 2-54 所示。实际上,经常会使用控制层来管理多个图层和解决一些合成衔接上的问题,也会使用调节层来解决渲染顺序的问题等。

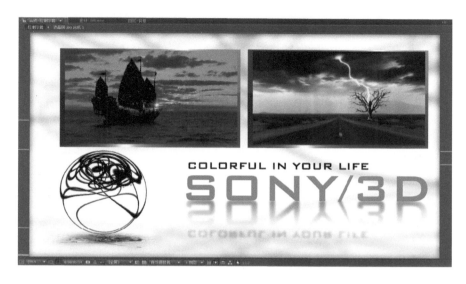

图 2-54　添加光效及其他效果

第五节
运动跟踪与稳定

一、实例综述

　　本节将介绍 After Effects 软件内置的动态跟踪功能。它包含运动跟踪与稳定跟踪两个组成部分。这项功能在高级合成中的使用机会更多。我们这里通过一个综合性的实例练习，来理解动态跟踪功能的工作原理和使用技巧。

二、动态跟踪实例制作步骤

　　【步骤 1】按组合键 "Ctrl+N" 新建合成组，取名为 "动态跟踪"，参数设置如图 2-55 所示。

图 2-55　新建合成组 "动态跟踪" 并设置参数

【步骤2】导入素材"Hand"序列帧，插入合成组时间线中，并调整比例大小为67%。

【步骤3】选中"Hand"层，选择"菜单栏→动画→跟踪"，打开跟踪面板，勾选"位置"和"旋转"，如图2-56所示。

图2-56 打开"Hand"层的跟踪面板

【步骤4】把时间拖至1秒处，将跟踪点1定位在拇指指尖，跟踪点2定位在小指指尖，并单击"向后分析"按钮，若中途发现跟踪点丢失目标，可以手动移动跟踪点参考框，辅助跟踪点找到跟踪目标。画面中手的动作幅度过大时，很可能使跟踪点丢失目标，这时可以选择暂停分析，手动移动跟踪点参考框，并使用"逐帧向后分析"，直至完成跟踪过程至5秒处，如图2-57所示。

【步骤5】把时间再拖到1秒处，开始向前逐帧分析直至12帧，注意每一帧上的跟踪点要尽量保持固定，避免轻微的变化对后面造成影响，至此，已经跟踪到了12帧到5秒处的两个手指运动的轨迹。

【步骤6】新建两个文本图层，分别输入"经典教程"和"AFTER EFFECTS"字样，选择合适的字体。为方便观察合成效果，把时间拖至2秒处，调整文字大小，以适应手掌的宽度，如图2-58所示。

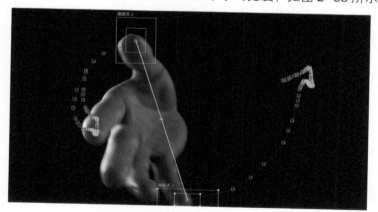

图2-57 完成跟踪过程

图2-58 输入"经典教程"和"AFTER EFFECTS"字样

【步骤7】新建控制层（Null object 空白对象），把时间拖至 0 秒 12 帧，选中"Hand"层，打开跟踪面板，单击"设置目标"命令，把目标设置为图层"控制层"，单击"是"，然后单击"应用"按钮，如图 2-59 所示。（注意：确认之前务必把时间标尺停留在 12 帧上，因为动态跟踪在为新目标应用跟踪数据时，会以时间标尺为起点插入。）

图2-59　新建控制层并设置

【步骤8】设置两个文本图层的父级为"控制层"，如图 2-60 所示。

图 2-60　设置两个文本图层的父级为"控制层"

【步骤9】此时，文本图层有可能与之前的位置关系不同，调整两个文字层的位移属性，使之自然地跟随手的旋转而旋转。

【步骤10】在 12 帧处设置两个文本图层的关键帧动画，透明度均为 0，比例为 0，再到 1 秒处，透明度为 100%，比例为 100%；4 秒 20 帧处，比例为 100%，5 秒处透明度为 100%，再到 5 秒 15 帧处，透明度为 0，比例为 0。

【步骤11】在 5 秒 05 帧处，设置控制层位置为 x=1130，y=530，5 秒 10 帧处，旋转为 350°，如图 2-61 所示。

图 2-61　5 秒 05 帧处和 5 秒 10 帧处的设置

【步骤12】控制层5秒以后的位置和旋转关键帧，可以根据实际情况调整，只要保证两个文字层在视觉效果上仍然跟随手的方向即可，如图2-62所示。

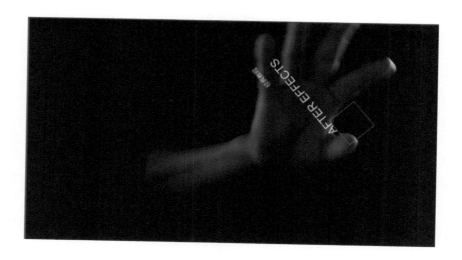

图2-62　调整后的效果

【步骤13】微调文字大小和位置，结合文字和手的旋转角度对应等因素，让画面看起来总是文字与手紧紧贴住的感觉，最终渲染输出。

三、稳定跟踪实例制作步骤

【步骤1】新建合成组，取名为"稳定跟踪"，参数设置如图2-63所示。

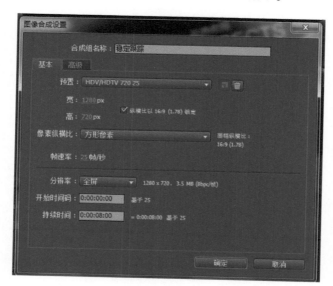

图2-63　新建合成组"稳定跟踪"并设置参数

【步骤2】导入素材"稳定画面.mov"并插入合成组时间线，选择"菜单→动画→运动稳定器"，为其添加跟踪并打开跟踪面板，勾选"比例"和"旋转"，如图2-64所示。

图 2-64 导入素材"稳定画面.mov"并设置

【步骤3】选择画面上的白色光点作为跟踪点，分别为跟踪点 1 和跟踪点 2 指定两个不同的白色光点，且彼此间隔不要太接近，如图 2-65 所示。

【步骤4】单击"向后分析"命令，开始为画面上的两个跟踪点进行路径分析，跟踪至第 8 秒即可，如图 2-66 所示。

图 2-65 为跟踪点 1 和跟踪点 2 指定两个不同的白色光点

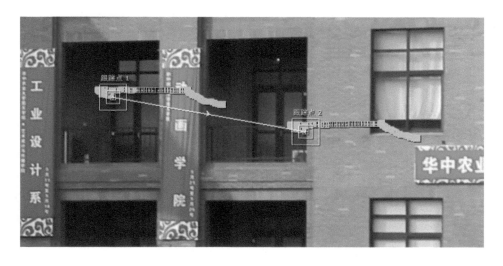

图 2-66 为画面上的两个跟踪点进行路径分析

【步骤5】把时间标尺移至0秒处，单击跟踪面板中的"设置目标"，将目标指向"稳定画面"图层自身，单击"是"按钮，然后单击"应用"按钮，如图2-67所示。动态跟踪应用选项的应用尺寸选择X轴和Y轴，单击"是"按钮，如图2-68所示。

图2-67 将目标指向"稳定画面"

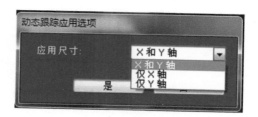

图2-68 单击"是"按钮

【步骤6】设置"稳定画面"图层的比例属性为78%，原本抖动的画面现在变得非常稳定，如图2-69所示。

图2-69 设置"稳定画面"图层的比例属性

四、知识拓展

After Effects在运动跟踪与稳定跟踪的功能方面比较完善，提供了很多可以与其他功能接轨的工作环境。例如，在动态跟踪的实例中结合了控制层的使用，让动态跟踪能够作用的目标进一步增多，只需要添加更多的元素，即可让它们通过控制层的中介作用，与手的素材联系到一起，如图2-70和图2-71所示。

图 2-70　添加更多的元素

图 2-71　与手的素材联系到一起的效果

动态跟踪和稳定跟踪在通常情况下的使用基本没有太大的难度，无非跟踪点的数量从少到多。动态跟踪不但可以把跟踪到的目标信息作用给其他的图层，也可以作用给自身已经拥有的某个特效。如图 2-72 所示，在"运动目标"窗口中选择"影响点控制"，即可看到符合要求的特效名称。

图 2-72　"运动目标"窗口

第六节
抠像合成

一、实例概述

本节介绍 After Effects 内置的抠像特效，通常称之为"键控"，是"蓝箱"和"绿幕"合成技术的重要组成部

分。一般情况下，抠像合成的素材需要在纯色背景下拍摄。本节将以"色彩键控"为出发点，通过一个简单的抠像合成实例，让大家理解键控的概念，并掌握如何结合 After Effects 的其他功能和素材完成一个合成或特效镜头。

二、制作步骤

【步骤1】按组合键"Ctrl+N"新建合成组，取名为"蓝幕抠像"，参数设置如图2-73所示。

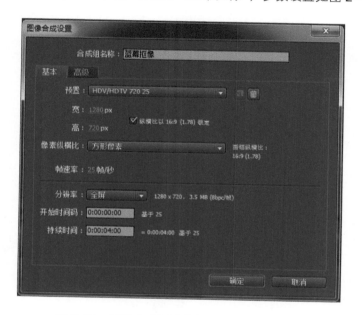

图2-73　新建合成组"蓝幕抠像"并设置参数

【步骤2】导入素材"蓝箱素材.mov"，并插入合成组时间线上，修改其比例属性为67%。

【步骤3】选中"蓝箱素材.mov"，右键单击，添加"效果→键控→色彩范围"，如图2-74所示。

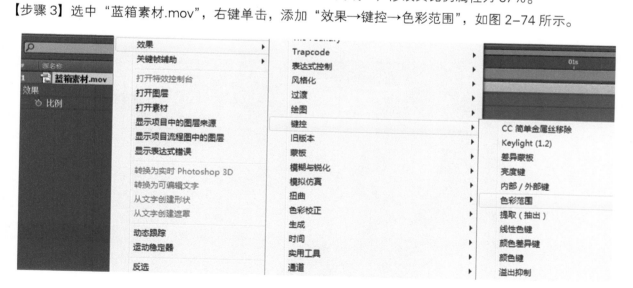

图2-74　效果→键控→色彩范围

【步骤4】按F3键打开特效控制台窗口，选择色彩范围效果中的拾色器 🖋 (滴管工具)，在合成窗口中选择画面中间的蓝色，如图2-75所示。此时特效控制台中，显示抠像预览的窗口中会通过黑色和白色的范围来区别所得到的透明区域，如图2-76所示。

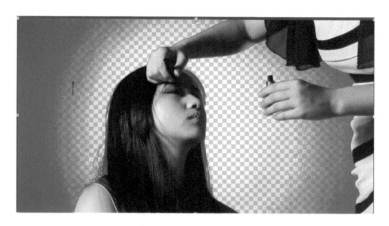

图 2-75　选择画面中间的蓝色

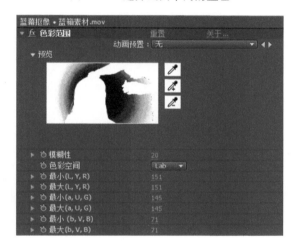

图 2-76　抠像预览

【步骤5】通过色彩范围效果添加想要抠除的颜色，利用 🖊 工具再次选择画面上的其他蓝色范围，直至得到如图 7-77 所示效果。

图 2-77　选择其他蓝色范围的效果

【步骤6】目前画面上人物轮廓和画面的边缘还有一部分蓝色，可以使用拾色器添加这些蓝色，以达到抠像的效果。但是，考虑到画面上某些细节需要保留，例如头发的边缘和右边人物胸前的衣服，这些半透明并带有蓝色的部分很容易被不小心抠除掉，从而损失掉很多精彩的画面细节。但是想要保留半透明的区域，需要结合很多工

序才能达到理想效果，这里尽可能地避开太复杂的程序，目前达到画面上这种效果就可以了，特效控制台面板上显示的抠像蒙版预览和特效参数如图 2-78 所示。

图 7-78　特效控制台：蓝箱素材

【步骤 7】使用钢笔工具 ，在合成窗口中勾出边缘尚未抠除的蓝色区域，如图 2-79 所示。然后展开"蓝箱素材.mov"的遮罩属性，在添加方式中勾选"反转"选项，这样屏幕边缘的蓝色部分就被遮罩隐藏起来了，如图 2-80 所示。

图 2-79　勾出边缘尚未抠除的蓝色区域

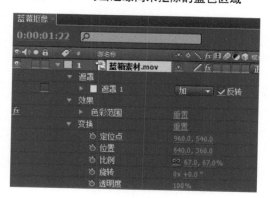

图 2-80　设置"蓝箱素材.mov"的遮罩属性

【步骤8】为图层"蓝箱素材.mov"添加"效果→键控→溢出抑制",这个特效会对屏幕上指定的颜色进行色彩上的抑制,也就是会降低某个颜色的量,使其不可见。添加此效果主要是为了消除素材蓝箱拍摄时,蓝色对画面主体人物的环境色或色彩折射的影响,如图2-81所示,该特效默认的要抑制的颜色刚好为蓝色,因此可以使用默认的参数。

图 2-81 溢出抑制

【步骤9】可以在合成时间线中新建一个纯白色的固态层(稍后可删除),置于合成底层,以观察抠像的最终效果是否满意,特别是原始画面中的人物边缘和半透明区域保留是否完好,仔细检查确定主体完整,抠像最终效果如图2-82所示。

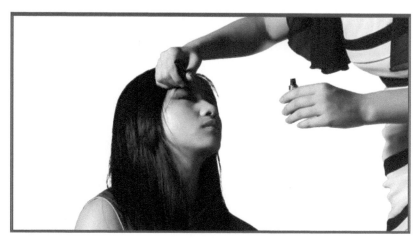

图 2-82 抠像最终效果

【步骤10】为合成组添加背景,导入素材"窗.png"并插入时间线上,置于"蓝箱抠像.mov"的下层,设置比例参数为50%,位置参数为x=500,y=360。

【步骤11】导入素材"摄影棚.mov",并插入合成最底层,并把时间标尺拖置1秒处,预览效果如图2-83所示。

图 2-83 导入素材"窗.png"和"摄影棚.mov"的预览效果

【步骤12】为前景的人物添加投影效果，让影子投在墙壁上会看起来更加自然真实，单击"蓝箱素材.mov"图层，按组合键"Ctrl+D"创建副本，把下面一层重命名为"人物投影"，并暂时隐藏下面两个图层，只看图层1和图层2，如图2-84所示。

图2-84 "人物投影"图层

【步骤13】选中"人物投影"图层，为其添加"效果→生成→填充"，填充颜色选择为黑色，如图2-85所示。

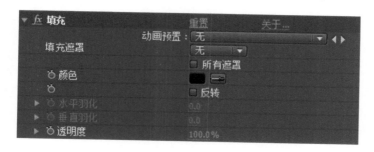

图2-85 填充黑色

【步骤14】选中"人物投影"层，为其添加"效果→扭曲→边角固定"，用鼠标左键拖曳边角固定"上左""上右""下左""下右"四个顶点，让图层发生扭曲，且尽可能地向画面主光源来源的反方向，也就是投影方向偏移，效果如图2-86所示。

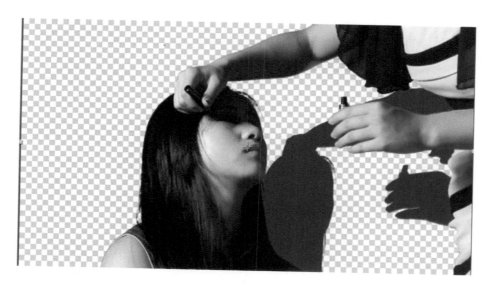

图2-86 让图层发生扭曲

【步骤15】参照图2-86，也可以为四个顶点输入具体坐标参数，同时为该图层添加"效果→模糊与弱化→快速模糊"，参数设置如图2-87所示。

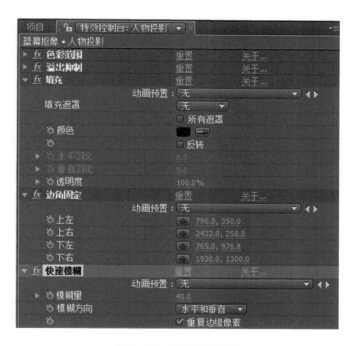

图 2-87 设置快速模糊

【步骤 16】打开隐藏的图层，让所有图层可见，单击"人物投影"图层，设置其图层混合模式为"柔光"，效果如图 2-88 所示。

图 2-88 "柔光"的效果

【步骤 17】对比背景层，调整"人物投影"图层的特效参数，降低其透明度，参数约为 70%，直到调整投影到最自然状态的位置，预览最终效果。

【步骤 18】为图层校色，直到前景和背景色调、色温、亮度、饱和度等均一致协调，可最终渲染输出。

三、知识拓展

After Effects 提供了很多种抠像方式，拍摄时要注意人物本身不应该含有蓝色或绿色，素材的质量会直接关系到抠像的效果，当然光线对于抠像也很重要。基于在不同的情况下得到各种各样的素材，抠像的难度和流程也会有所不同。下面简单介绍一下"键控"包含的几种常用的抠像效果。

色彩键：用于指定某一种颜色进行抠像，相对而言功能一般，不适合太复杂的图像抠像。

色彩差异键：通过两种不同的颜色对图像进行抠像处理。简单地说，类似于一种数学中集合的算法抠像，首先使蒙版 A 指定颜色以外的其他颜色区域透明，再使蒙版 B 指定颜色的区域透明。这两个蒙版相组合得到的新的蒙版透明区域，就是最终的 Alpha 通道，也就是要得到的抠像的区域。它在对图像中存在透明或者半透明区域的素材抠像时，表现得非常出色。

色彩范围：本节使用的抠像功能，可以增加和减少键控色，包括 LAB 、YUV、RGB 在内的多种色彩模式，更适用于背景含多种颜色、背景亮度不均匀和包含相同颜色阴影这一类的素材。

差异蒙版：通过一个对比层与源图层进行比较，将源图层中的位置和颜色与对比层相近的像素抠除。

亮度键：利用亮度进行抠像，适用于对比度较强的静帧或视频，此效果通常需要配合其他一些特效才能达到最佳抠像效果。

内部外部键：按指定路径作为遮罩，一个路径定义为内缘，一个路径定义为外缘，系统会根据遮罩内的像素差异进行抠像，适合对毛发及轮廓进行抠像。

线性色键：指定一个颜色范围作为抠除的对象，适用于相近色调或色度的抠像。

提取（抽出）：指定一个亮度范围来产生透明区域，适用于用黑色或白色做背景的素材。

Keylight：一款业界领先的视觉特效软件，由开发商 The Foundry 公司推出，获得过学院大奖的蓝屏和绿幕抠像软件。它能很好地处理如头发、透明或反射区域的抠像，在很多电影制作中被使用过，包括《金刚》《哈利·波特》《生化危机》《楚门的世界》《世界末日》等。

第七节
三维合成基础

一、实例概述

本节介绍 After Effects 的三维合成功能（三维即 3D），其中包括基础 3D 空间合成、灯光和摄影机设置与操作。本节将通过一个简单的实例让大家理解 After Effects 中的三维概念。它不同于通常的三维动画软件 3ds Max 或 Maya，虽然可操作对象同样拥有 X、Y、Z 三个维度的参数，但却是一种基于 2.5 维的"伪三维"空间，也就是俗称的片面三维。下面将通过实例学习如何利用这种 3D，完成特效的合成与制作。

二、制作步骤

【步骤 1】按组合键"Ctrl+N"新建合成组，取名为"三维合成"，参数设置如图 2-89 所示。

【步骤 2】导入素材"地面.png""红楼.png""墙.png""夜空.png""plants_01""plants_02""plants_03""plants_04"，插入合成组时间线上。PNG 格式的图片素材可以有效地保留图层的通道信息，例如带有 Alpha 通道信息的图片，非常有利于合成。如果利用软件 Photoshop 制作或处理一些素材，对需要保留透明背景或通道信息的图层，可以选择 PNG 格式来存储。以上图片素材在时间线上的排列方式如图 2-90 所示。

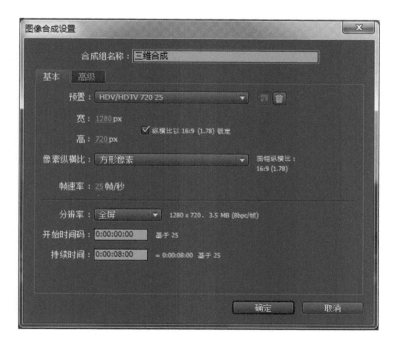

图 2-89　新建合成组"三维合成"并设置参数

图 2-90　图片素材的排列方式

【步骤 3】打开所有图层的 3D 开关，如图 2-91 所示。

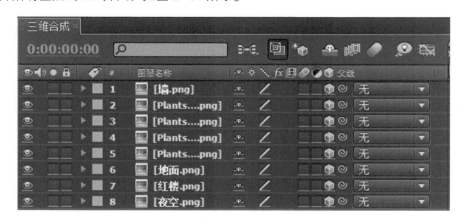

图 2-91　打开所有图层的 3D 开关

【步骤 4】新建一个摄像机，单击"菜单栏→图层→新建→摄像机"，快捷键是"Ctrl+Shift+Alt+C"，在弹出的窗口中可以看到摄像机的设置，如图 2-92 所示。

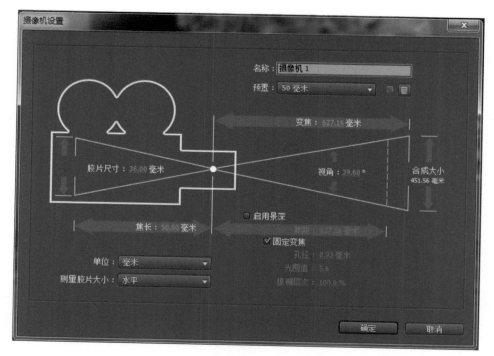

图 2-92　摄像机的设置

【步骤 5】调整摄像机的参数设置，除了可以设置摄像机的名称，还可以在预置方案中进行摄像机的镜头焦距的选择，基本上可以模拟现实中不同焦距的摄像镜头的感觉。这里提供了从 15 毫米到 200 毫米焦距的镜头，当然也提供了自定义的功能。这里选择使用预置中的 35 毫米焦距的摄影机，如图 2-93 所示。

【步骤 6】调节 3D 对象的方式基本和对 2D 的操作相同。打开图层的 3D 属性后，图层的各项变化属性在时间线窗口中会增加 Z 轴参数（缩放和不透明度除外）。目前已经打开了所有图层的 3D 属性，观察每一个图层都多了一个维度，例如位置参数除了 x 轴和 y 轴，现在又多了 z 轴，旋转属性也同样具有 x、y、z 三个维度，图层基础属性里也增加了"质感选项"，如图 2-94 所示。

图 2-93　选择 35 毫米焦距的摄像机

图 2-94　调节 3D 对象

【步骤7】回到合成监视窗口，打开窗口下方的视图窗口，选择"视图－左右"，如图 2-95 所示。效果如图 2-96 所示。

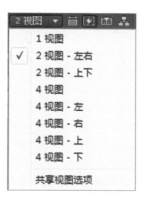

图 2-95　选择"视图－左右"

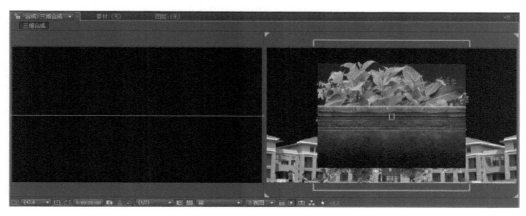

图 2-96　选择"视图－左右"的效果

【步骤8】单击左侧窗口，选择视图属性为"顶"视图，单击右侧窗口，选择视图属性为"有效摄像机"，如图 2-97 和图 2-98 所示。

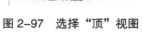
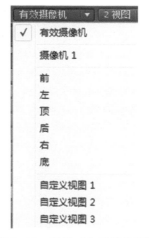

图 2-97　选择"顶"视图　　　　图 2-98　选择"有效摄像机"

【步骤9】在左侧视图中对图层的属性进行调整，其变化会在右侧视图中观察到，而且是从摄像机的视角观测到的效果。最终的合成效果也可以从摄像机的视角中得到，因此只需要让空间里的图层相对位置关系确定，然后移动摄影机即可得到想要的视觉效果。基于这个思路，现在开始安排各个图层之间的空间关系。先选中图层"墙.

png"的蓝色 z 轴，当指向图层坐标轴时，鼠标光标的右下角会出现字母"z"（同理，当选中 x 轴或 y 轴时，鼠标光标的右下角也会出现相对应的字母，注意这里正确选择对象，否则会出现很多误操作），向屏幕下方移动（也就是朝摄像机镜头的方向移动），也可以直接输入位置属性 z=-360。

【步骤 10】用上述方法移动其他图层的 z 轴，参数设置如图 2-99 所示。

图 2-99　调整其他图层的 z 轴

【步骤 11】把"视图"改为单视图模式，"自定义视图 1"视角，预览已经完成的 3D 空间，如图 2-100 所示。

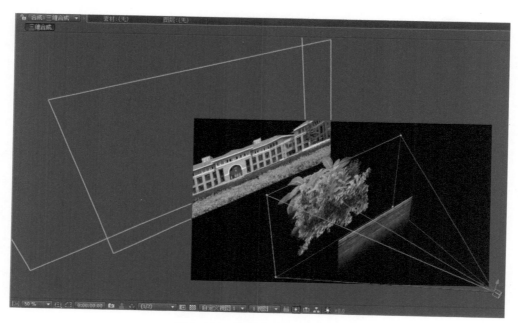

图 2-100　预览完成的 3D 效果

【步骤 12】回到"摄像机视图"，使用工具栏中的摄像机工具 ![icon] 来控制摄像机，观察已经完成的 3D 空间。摄像机工具图标右下角有一个"三角"，那就说明该工具包可以通过鼠标左键长时间单击展开选择框。它包含以下几种工具，如图 2-101 所示。

图 2-101　包含的工具

轨道摄像机工具：简称摄像机旋转工具，控制摄像机镜头的旋转，会改变摄像机位置坐标参数，但是目标兴趣点不变。

XY 轴轨道摄像机工具：简称摄像机移动工具，控制摄像机的位置，会改变摄像机位置坐标参数和目标兴趣点坐标参数，以上仅限 x 轴和 y 轴。

Z 轴轨道摄像机工具：简称摄像机缩放工具，控制摄像机的镜头远近推拉，会改变摄像机位置坐标参数和目标兴趣点参数，仅限 z 轴。

Unified Camera Tool：简称自由摄影机工具，是以上 3 个工具的集合。若选择此项，那么在操作中鼠标的左键是"轨道摄像机工具"，右键是"Z 周轨道摄像机工具"，鼠标中间或滚轮是"XY 轴轨道摄像机工具"。

通常会使用快捷键 C 来启用摄像机工具，也可以用 C 键在几个工具之间进行切换。

【步骤 13】利用摄像机移动工具，观察几个图层高度和比例上的关系，如图 2-102 所示。这些图层在比例和高度上还不够理想，需要调整。

图 2-102　观察几个图层的高度和比例

【步骤 14】配合摄影机工具，一边预览各个角度，一边微调各个图层的比例和位置之间的关系，调整好的参数如图 2-103 和图 2-104 所示。

图 2-103　调整好的参数

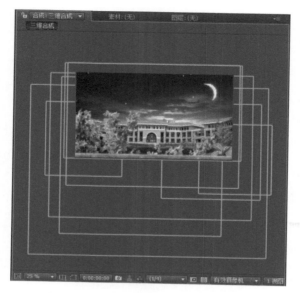

图 2-104　调整好参数的效果柔缓曲线

【步骤 15】设置摄像机的关键帧动画。打开摄影机层，展开"变换"属性，在 0 秒处，为"目标兴趣点"添加第一个关键帧，参数为 x=692，y=456，z=42；同时为"位置"添加第一个关键帧，参数为 x=692，y=456，z=-1208。

【步骤 16】把时间拖至 3 秒处，设置目标兴趣点参数 x=608，y=150，z=42；位置参数 x=608，y=150，z=-1208。

【步骤 17】把时间拖置 6 秒处，设置目标兴趣点参数 x=590，y=312，z=1250；位置参数 x=590，y=312，z=0，选中所有关键帧，单击"菜单栏→动画→关键帧辅助→柔缓曲线"（F9 键），如图 2-105 所示。

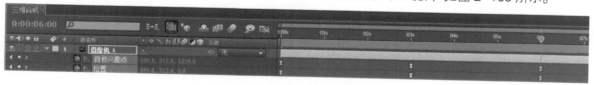

图 2-105　6 秒处的设置

【步骤 18】按键盘上的"0"键或内存预演，预览目前已经完成的效果，在图层"墙""地面""红楼"之间复制更多的植物，使画面看起来更饱满，为使立体感更强，在 z 轴上让多个植物图层有远近空间上的区别，如图 2-106 所示。

图 2-106　复制植物并调整其空间关系

【步骤 19】打开摄像机图层的"摄像机选项",开启"景深"属性。设置"孔径"属性为 90 像素,模糊层次为 120%,得到景深效果,3 秒处如图 2-107 所示。

图 2-107 3 秒处的效果

【步骤 20】为摄像机"焦距"属性设置关键帧动画,3 秒处设置第一个关键帧,焦距参数为 944 像素,6 秒处设置第二个关键帧,焦距参数为 1500 像素,如图 2-108 所示。

图 2-108 6 秒处的效果

【步骤 21】可以选择性地为各个图层较色,以便达到统一的色调。预览效果已达到理想状态时,可以添加到渲染队列,输出影片。

三、知识拓展

After Effects 提供的三维空间合成提供了广阔的想象空间,在许多影视片头、栏目包装中经常会被使用到。虽然被称为"伪三维",不具备建模功能,但是 After Effects 的三维空间中的对象会与其所处的位置的空间互相影响,结合摄像机和灯光,能够产生如阴影、遮挡、透视、变焦等效果。若具有良好的美术功底和空间造型能力,一样可以做出逼真的 3D 效果。

三维合成中 3D、摄像机、灯光几乎是不可分割的,在合成中灯光如果用得好,可以渲染画面气氛,突出重点,After Effects 能利用照明灯模拟三维空间的光线效果,可以在三维场景中创建多盏照明灯产生复杂的效果。通常情况下,系统不在合成图像中产生照明灯,需要通过菜单中的"图层→新建→照明"来建立,如

图 2-109 所示。

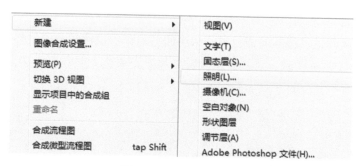

图 2-109　新建→照明

照明类型包括平行光、聚光灯、点光、环境，图 2-110 所示。

图 2-110　照明类型

平行光：从一个点发射一束光线到目标点，它提供一个无限远的光照范围。

聚光灯：从一个点向前方以圆锥形发射光线，它会根据圆锥角度确定照射面积。

点光：从一个点向四周发射光线，随着对象与光的距离不同，受光照的影像也不同，距离越近受光越强，反之亦然。

环境：没有光线的发射点，可以照亮场景中所有的对象，但是无法产生投影，用于渲染色调或气氛的情况较多。

灯光的设置属性包括颜色、是否投射阴影、阴影的明暗度及阴影的扩散。

跟灯光相关联的有一系列重要的属性就是图层的材质属性（质感选项），在之前的实例中曾提到过。首先接受照明的层必须是 3D 图层，灯光的属性中可以勾选投射阴影。

下面是图层的材质属性。

投射阴影：打开这个属性会让图层在环境中产生投影，阴影的属性要在接下来的参数中进行设定。

照明传输：产生类似阳光照射玻璃产生的透明阴影，数值越高，效果越强烈。

接受投影：开启或关闭控制图层是否接受其他对象的投影。

接受照明：可以单独控制自身是否接受环境中的照明，在复杂投影环境中较为实用。

环境：控制当前层受环境光影像的程度。

扩散：控制层接受灯光的发散级别，决定了图层的表面有多少光线覆盖，数值越高发散越强，对象越亮。

镜面高光：控制层的镜面反射级别，数值越高反射级别越高，产生高光点越明显。

光泽：控制高光点的大小光泽度。

质感：控制金属光泽感。

综合以上灯光和图层材质属性，相互配合即可产生照明、阴影、遮挡等效果。灯光少时比较容易控制，如图 2-111 所示。若灯光设置得较为复杂时，可能要借助特效甚至是表达式来控制，因此初学者在学习 3D 合成时，要有较好的软件基础之后再进行复杂的 3D 合成练习，如图 2-112 和图 2-113 所示。

图 2-111　各种效果（灯光少时）

图 2-112　各种效果（灯光复杂时）（一）

图 2-113　各种效果（灯光复杂时）（二）

　　软件内置灯光所涉及的参数和功能并不复杂，通过简单的尝试和使用，便可以掌握，困难之处在于有些工作需要利用软件做出相对复杂的特效场景和合成，那可能要靠插件来辅助。After Effects 的插件之全面，是众所周知的，在灯光方面也不乏优秀的插件，例如 Video Copilot 出品的 Optical Flares 系列光效插件，就支持很多种 3D 灯光，如图 2-114 所示。

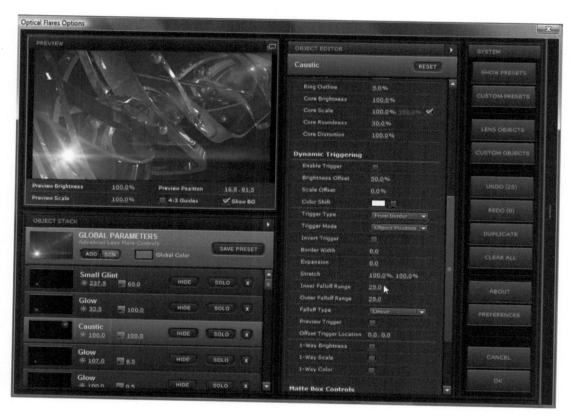

图 2-114　Optical Flares 支持的 3D 灯光

综合实例——从地面到太空

ZONGHE SHILI —— CONG DIMIAN DAO TAIKONG

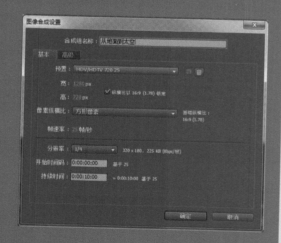

一、实例概述

本节中的综合实例练习，旨在检验读者是否已掌握 After Effects 软件各功能单元的功能用法，并且强化对软件各种功能之间的穿插和配合使用，增强对软件工具的控制和协调能力，从而提高综合设计制作能力。本实例将制作一个在电影中较为常见的一种特技镜头——从地面到太空的切换。其中使用到了遮罩、控制层、子父级管理、表达式以及部分常用的特效滤镜，是一个综合性较强的实例训练。

二、 制作步骤

【步骤 1】新建合成组，取名为"从地面到太空"，参数设置如图 3-1 所示。

【步骤 2】单击菜单栏中的"开始→导入→导入文件"（快捷键"Ctrl+I"），将素材文件夹"卫星拍摄"中的素材导入 After Effects 中，包含图片"01.jpg"到"07.jpg"和"earth.png"在内共 8 张图片。然后将其插入合成时间线中，排列顺序如图 3-2 所示。

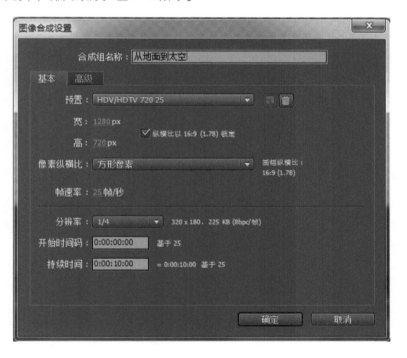

图 3-1 新建合成组"从地面到太空"并设置参数

图 3-2 导入素材并排列顺序

【步骤 3】选中图层 01，按快捷键 T，再按快捷键"Shift+S"，打开透明属性和比例属性，调整参数为透明度 50%，比例 25%，此时效果如图 3-3 所示。

【步骤 4】使用移动工具 移动图层 01，使其与下一层（即图层 02）中相同的部分重叠，最终位置属性为 x=551.5，y=345.5，此时图层 01 与下一层图层 02 几乎完全重叠，图 3-4 中黄色框内就是图层 01 目前的位置，最后将图层 01 的父级设定为图层 02。

【步骤 5】处理好图层 01 和图层 02 之间的关系后，重复步骤 03 和步骤 04，处理图层 02 和图层 03 之间的关系。调整图层 02 的透明度为 50%，比例为 25%，然后移动图层位置，使其与图层 03 中相同的部分充分重叠，再将图层 02 的父级指定为下一层图层 03，图 3-5 中黄色方框即图层 02 目前的位置，内部较小的黄色方框为目前图层 01 的位置。

图 3-3　调整图层 01 参数后的效果

图 3-4　处理图层 01 和图层 02 的关系

图 3-5　处理图层 02 和图层 03 的关系

【步骤6】之前已经处理好图层01和图层02的属性，并通过子父级锁定两者间的关系，又用同样的方式处理好了图层02和图层03之间的关系，依此类推，要用同样的方式重复步骤03和步骤04，处理图层03和图层04、图层04和图层05、图层05和图层06、图层06和图层07、图层07和图层earth.png之间的关系，如图3-6所示。

图3-6　处理其他图层的关系

【步骤7】在处理图层06、图层07、图层earth.png时，要灵活调整比例、位置等属性，以完成图层之间的重叠。处理好图层07和图层earth.png时，设定earth.png的比例为18%，如图3-7所示。

图3-7　完成图层之间的重叠

【步骤8】选中所有图层，按快捷键T，打开所有图层的透明度属性，统一修改为100%。同时取消所有图层的子父级关系，然后将从图层02到07再到图层earth.png的7个图层的父级指定为图层01，如图3-8所示。

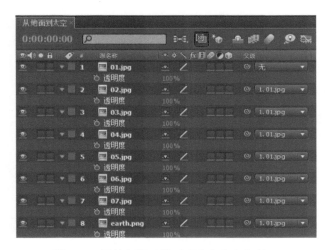

图3-8　调整各图层的透明度和子父级关系

【步骤9】为图层01设置比例关键帧动画，0秒处设置第一个关键帧，比例属性为100%，6秒处设置第二个关键帧，比例属性为0.0005%，如图3-9所示（注意：这是一段比例缩小的关键帧动画，要注意的是比例不能为0，更不能为负数，因此只能选择无限接近且大于0的数值）。

图3-9 调整比例属性

【步骤10】选中图层01比例中的两个关键帧，单击"菜单栏→动画→关键帧辅助→指数比例"，如图3-10所示，得到效果如图3-11所示。

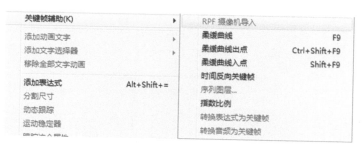

图3-10 设置指数比例

图3-11 设定指数比例的效果

【步骤11】拖曳时间标尺预览动画，随时间推移逐个图层添加遮罩，以修整图层之间衔接不自然的感觉，如图3-12所示。

图3-12 添加遮罩

【步骤12】新建控制层，命名为"旋转控制"，置于合成组的第一层，然后将图层01的父级指定为"旋转控制"层，为"旋转控制"层添加关键帧动画，0秒7帧处设置第一个关键帧，旋转参数为185°，6秒处设置第二

个关键帧，旋转参数为 0x0°，选中两个关键帧，按 F9 键添加关键帧辅助柔缓曲线，如图 3-13 所示。

图 3-13 创建"旋转控制"并设置

【步骤 13】新建固态层，取名为"云层 1"，大小为 1500 像素×1500 像素，为其添加"效果→噪波与颗粒→分形噪波"，调整参数如图 3-14 所示。

【步骤 14】为"云层 1"添加关键帧动画，在 2 秒 21 帧设置第一帧，比例参数为 1538%，在 4 秒 02 帧设置第二帧，比例参数为 10%，选中两个关键帧，单击菜单栏"动画→关键帧辅助→指数比例"；透明度参数在 2 秒 21 帧处为 0，3 秒处为 100，3 秒 17 帧处的透明度为 100，4 秒 02 帧为 0。设置"云层 1"的图层混合模式为"屏幕"，添加遮罩，修改云层的显示范围，并创建两次副本（快捷键"Ctrl+D"），最终设置如图 3-15 和图 3-16 所示。

图 3-14 创建"云层 1"并设置

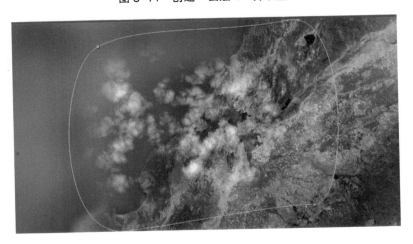

图 3-15 修改云层的显示范围

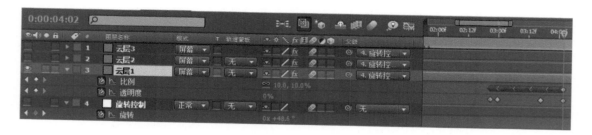

图 3-16　"云层 1" 参数设置

【步骤 15】移动"云层 2"和"云层 3"在时间线上的前后位置，使其交替出现，"云层 2"从 0 秒 13 帧开始进入，"云层 3"从 0 秒 21 帧进入，如图 3-17 所示。

图 3-17　移动"云层 2"和"云层 3"

【步骤 16】为了使云层看起来更丰富，单击图层"云层 2"，按快捷键 F3 打开特效面板，修改"云层 2"中的分形噪波特效，"演变"参数为 79°；同时修改"云层 3"中的分形噪波特效，"演变"参数为 133°。

【步骤 17】新建固态层，命名为"stars"，大小为合成大小，置于合成最底层。为其添加效果"分形噪波"，设置参数如图 3-18 所示。

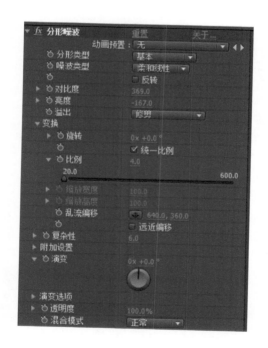

图 3-18　创建"stars"并设置

【步骤 18】把时间标尺拖曳至 6 秒处，调整好"stars"的特效参数后，将其父级指定为图层"01"。

【步骤 19】打开所有图层的运动模糊开关，并打开合成的运动模糊总开关 ，如图 3-19 所示。

图 3-19　打开所有图层的运动模糊总开关

【步骤 20】打开合成设置"高级→动态模糊→快门角度"，数值设定为 350°，帧取样设定为 16，自适应取样限制设定为 16，如图 3-20 所示。

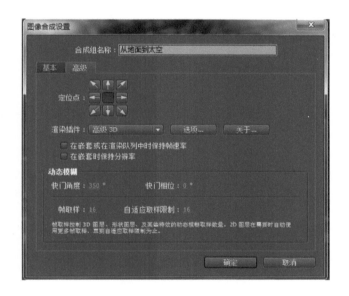

图 3-20　图像合成设置

【步骤 21】整个实例已经接近完成，可以使用键盘上的"0"键进行内存预演来观察已经做好的效果，并最终添加到渲染队列，输出影片，如图 3-21 所示。

图 3-21　最终效果

三、 知识拓展

本实例中可以在已经接近完成的基础上进一步加工，以达到逼真甚至是电影级别的视觉效果。基本思路在于：要创建出符合人眼视觉的效果。首先通过遮罩或特效滤镜修正可能穿帮的图层边缘，其次是在脱离地心引力时加入动态模糊效果，改变时间节奏，替换更加真实的三维星空背景，同时加入镜头的抖动等。提到模拟镜头的抖动，要做到自然、真实，不得不提到一个概念——表达式。在 After Effects 中，表达式的功能是十分强大的。可以通过软件提供的工作环境，利用简单的计算机语言编写脚本，从而做出利用诸如函数运算等算法生成的动画，这种动画往往需要对计算机程序语言有一定的认识，而表达式动画也不同于基础的关键帧动画，它通常使用起来难度较大。下面通过一个简单的表达式命令来认识一下它，同时也为这个实例增添一点色彩。

【步骤 1】新建合成组，取名为"冲上云霄"，合成大小为 1280 像素×720 像素，时长为 10 秒。通过合成嵌套法将已经完成的合成组"从地面到太空"导入到"冲上云霄"中，作为图层性质使用。

【步骤 2】右键单击时间线上的"从地面到太空"，选择"时间"命令中的"时间重置"，在 0 秒处和 6 秒处分别添加关键帧，选中两个关键帧，按快捷键 F9，添加柔缓曲线效果，这样做的目的是让整个动画的时间从启动到停止的过程更加柔缓，视觉感受上更舒适。

【步骤 3】用表达式创建镜头抖动，首先为"从地面到太空"图层添加"效果→表达式控制→滑杆控制"，再打开图层的位置属性，按住 Alt 键＋鼠标左键单击位置属性前的"码表"图标，此时位置上的参数变成了红色，下方出现"表达式：位置"字样和相关按钮，同时时间线上出现了表达式编辑窗口，以上已经为图层的位置属性添加了表达式动画，如图 3-22 所示。

图 3-22　用表达式创建镜头抖动

【步骤 4】在表达式编辑窗口中输入"wiggle（10，15）"，这是一个简单的表达式句式。"wiggle"是常用的一个表达式命令，可以理解为一种创建"随机的运动"的命令，括号中的 10 意为每秒随机运动的频率，15 意为每次随机运动的幅度，在这里即为每次随机变化多少个像素。

【步骤 5】通过内存预演，大致看到了表达式创建的镜头随机抖动效果。但是，这种表达式动画会按照句式的运算方式持续下去无法停止，如何控制它呢？这里需要使用到前面添加的滤镜——表达式控制中的滑杆控制。修改一下表达式命令，把上述表达式中的"15"替换成"滑杆控制"，利用"表达式拾取"按钮，拾取"滑杆控制"中的"滑块"，它会自动添加到表达式中，如图 3-23 所示。

图 3-23　利用滑杆控制

【步骤6】这时随机运动的幅度将不是固定的数值，而是由特效"滑杆控制"中的"滑块"的参数来设定的。为滑块设置关键帧动画，在 0 秒 15 帧处参数为 0.30，在 1 秒 04 帧处参数为 10，在 4 秒 14 帧处参数为 10，在 5 秒 03 帧处参数为 0.1。通过以上关键帧，可以做到让 wiggle 的随机运动幅度受到"滑块"的控制，即随机幅度可以通过关键帧加大，也可以降低参数到 0 而停止运动。

到此，对于表达式的工作原理应该不难理解了，当然这不是表达式的全部，夸张点说它几乎能够完成想象中的任何情形。想要学习好表达式动画，要有坚定的决心、灵活的头脑、丰富的想象力和严谨的态度。

以上就是本实例中运用到的一些综合技巧。通过这样的综合练习，不但能够进一步熟悉 After Effects 软件的强大功能，也能够在各模块功能的协作中得到很多启发。

数字影像处理技术是利用计算机对摄影机实拍的画面或计算机生成的画面进行加工处理，从而产生影片需要的新图像的技术，包括对画面色彩的处理、对合成画面的质感处理，对画面的变形处理，用以达到观众感官审美的要求。后期特效在其中扮演着重要的作用，在数字技术极度发达的今天，纯自然的画面很难吸引观众的眼光，而影视制作中特殊效果的创造，又重新激活了观众的感官细胞。

［1］陈云清.影视后期特效制作［M］.合肥：合肥工业大学出版社，2011.

［2］刘天真.影视后期特效——After Effects CS5［M］.北京：高等教育出版社，2012.

［3］刘荃.影视后期特效制作理论与实践［M］.北京：中国广播电视出版社，2006.

参 考
文 献

YINGSHI HOUQI TEXIAO

目录

YINGSHI HOUQI TEXIAO

内 容 简 介

本书包括 After Effects 基础操作、合成与特效制作基础、综合实例——从地面到太空三章。本书首先对 After Effects 软件的基础操作进行讲解，然后从基础内容开始，以实例为主，详细讲解在影视制作中应用最为普遍的关键帧训练、文本动画、遮罩与蒙版、控制层与调节层、运动跟踪与稳定、抠像合成和三维合成基础，并通过实例应用到实践中。本书对读者迅速掌握 After Effects 的使用方法，进行影视特效的专业制作非常有益。

图书在版编目（CIP）数据

影视后期特效 / 杨恒，张瑞主编. — 武汉 : 华中科技大学出版社，2014.12（2022.7 重印）

ISBN 978-7-5680-0555-5

Ⅰ.①影… Ⅱ.①杨… ②张… Ⅲ.①图像处理软件—高等学校—教材 Ⅳ.①TP391.41

中国版本图书馆 CIP 数据核字(2015)第 002587 号

影视后期特效　　　　　　　　　　　　　　　　　　　　　　　　杨恒　张瑞　主编

策划编辑：曾　光　彭中军
责任编辑：彭中军
封面设计：龙文装帧
责任校对：刘　竣
责任监印：张正林
出版发行：华中科技大学出版社（中国·武汉）　　　电话：(027) 81321913
　　　　　武汉市东湖新技术开发区华工科技园　　　邮编：430223
录　　排：龙文装帧
印　　刷：广东虎彩云印刷有限公司
开　　本：880 mm×1230 mm　1/16
印　　张：4.5
字　　数：137 千字
版　　次：2022 年 7 月第 1 版第 3 次印刷
定　　价：38.00 元

本书若有印装质量问题，请向出版社营销中心调换
全国免费服务热线：400-6679-118　竭诚为您服务
版权所有　侵权必究

艺术设计
ARTDESIGN

U0166061

高等院校艺术学门类『十三五』规划教材

影视后期特效

YINGSHI HOUQI TEXIAO

恒 张瑞
郑冰 杨亚洁 杨毅 骆森欢
坷艺 张玲 邓哲林 罗莎莎
男华 杨祺君 黄卫国 黄艳

华中科技大学出版社
http://www.hustp.com
中国·武汉